CONFÉRENCES

SUR LA

FORMATION GRADUELLE DU GLOBE TERRESTRE

ET SUR LE

COMMENCEMENT ET LA FIN DES MONDES;

PAR

M. Auguste DU PEYRAT,

Membre de l'Institut des provinces de France, etc.

TOULOUSE,

IMPRIMERIE CH. DOULADOURE;
ROUGET FRÈRES ET DELAHAUT, SUCCESSEURS,
Rue Saint-Rome, 39.

1868.

CONFÉRENCES

SUR LA GÉOLOGIE.

LES PRINCIPES [1].

    « Lorsqu'un voyageur parcourt ces plaines fécondes où des
» eaux tranquilles entretiennent par leur cours régulier une
» végétation abondante, et dont le sol fertilisé par un peuple
» nombreux, orné de villages florissants, de riches cités, de
» monuments superbes, n'est jamais troublé que par les rava-
» ges de la guerre ou par l'oppression des hommes en pouvoir,
» il n'est pas tenté de croire que la nature ait eu aussi ses guer-
» res intestines et que la surface du globe ait été bouleversée
» par des révolutions et des catastrophes. Mais les idées de ce
» voyageur studieux changent dès qu'il cherche à creuser ce
» sol aujourd'hui si paisible, ou qu'il s'élève sur les collines
» qui bordent la plaine; ses idées se développent alors pour
» ainsi dire avec sa vue, elles commencent à embrasser l'éten-
» due et la grandeur de ces événements antiques, dès qu'il gra-
» vit les chaînes les plus élevées, dont ces collines, couvrent le
» pied, ou qu'en suivant le lit des torrents qui descendent de

(1) Extrait de l'ouvrage en préparation ayant pour titre : *Les mondes, leur
commencement et leur fin*, par M. Auguste du Peyrat, membre de l'Institut des
provinces et de la société française d'archéologie, etc.

» ces chaînes , il pénètre dans leur intérieur ». (*Extrait du Discours sur les révolutions du globe par Georges Cuvier.*)

Il y a déjà plus de quarante ans, que le Discours du célèbre Cuvier a été publié et depuis lors , l'écorce terrestre a été plus laborieusement que jamais , fouillée et étudiée, et une science nouvelle du plus haut intérêt , la géologie , a été en quelque sorte créée. Les phénomènes les plus extraordinaires se sont présentés à l'esprit de l'observateur sur la formation de notre globe pour arriver graduellement à l'état où nous le voyons aujourd'hui, et ses transformations successives , n'ont pu se produire que dans un espace de temps si considérable que l'état actuel de la science ne permet pas de déterminer même approximativement. Malgré les progrès déjà accomplis dans ce siècle, que de découvertes ne nous reste-t-il pas encore à faire pour bien connaître l'intérieur de la terre? Nous ne pouvons observer que son enveloppe extérieure et en quelque sorte , son épiderme qui pourtant a déjà donné naissance aux plus intéressantes découvertes scientifiques. Hâtons-nous de les exposer le plus succinctement possible , avec la netteté et la précision nécessaires pour les rendre accessibles au plus grand nombre qui n'a pas le loisir de lire les nombreux ouvrages des savants , où elles sont longuement développées. Dans ce simple résumé , nous agiterons beaucoup d'idées en peu de mots sans cependant nuire à la clarté, et nous croyons que l'on peut se faire bien comprendre de la plupart des lecteurs tout en étant concis ; il suffit de châtier le style pour qu'il soit clair.

Poids du globe terrestre. Archimède demandait un point d'appui pour mouvoir la terre , mais il n'en a pas fallu à Cavensdish pour la peser , et avec sa balance de torsion ou attractive, on est parvenu à constater la pesanteur moyenne spécifique de la terre qui a été trouvée de cinq fois et demi plus grande que celle de l'eau, et ce résultat a été vérifié par d'autres expériences et fixé à 5,48, or, les matières qui composent l'écorce du globe comme les sables et les terres ne pèsent guère plus de 1 et demi fois l'eau, et les roches les plus lourdes, sauf quelques rares exceptions, ne pèsent que 3 fois, et leur densité moyenne ne dépassent guère 2 et demi. L'écorce terrestre ne pèse donc pas la moitié de la masse entière du globe qui est de 5 fois et 48 centièmes de fois celle de l'eau. De quoi est donc composé l'intérieur de notre globe, malgré les filons métalliques qui parfois traversent ses couches, pour avoir un poids si considérable relativement à celui de son écorce?

Épaisseur de l'écorce. Après avoir mesuré la puissance d'un grand nombre de couches de toutes les époques, les géologues ont admis que l'épaisseur de l'écorce terrestre n'est que de 12 lieues de 4 kilomètres, et comme le rayon de la terre est de 1584 lieues ou 6,370 kilomètres (1), l'écorce ne serait que le $\frac{1}{130}$e. du rayon, ce qui proportionnellement est encore moins que ne l'est l'épaisseur d'une feuille de papier appliquée sur la peau d'une orange, et les rugosités de la peau de cette orange, sont aussi prononcées que les plus hautes montagnes en les comparant aux dimensions de la terre. Ainsi il est bien évident que, malgré les aspérités de ses montagnes, la terre vue de l'espace paraît une sphère, aussi régulière que si elle avait été faite au tour, son mouvement de rotation et de nutation a seulement aplati ses deux pôles et renflé d'autant son équateur.

Chaleur interne. Les sources thermales, quelquefois bouillantes et venant de grandes profondeurs, font pressentir l'énorme chaleur intérieure de notre globe et l'exploitation des mines ainsi que le forage des puits artésiens qui dans ce siècle ont exigé des sondages très-profonds, nous ont

---

(1) Plus exactement : le rayon de l'équateur est de 6,376,986 mètres.
le rayon polaire   6,356,324 mètres.
le rayon moyen à 35° 16 de latit. 6,370,300 mètres.
On trouve donc 20,662 mètres pour la valeur de l'aplatissement, c'est environ $\frac{1}{305}$e du rayon de l'équateur.

donné les moyens de reconnaître la nature des diverses couches qui composent l'écorce terrestre et de constater que la température s'élève de un degré par 33 mètres de profondeur. A 600 mètres de profondeur, la température est de 18 degrés au-dessus de la moyenne de la superficie, et pour l'épaisseur totale de l'écorce, évaluée à 48 kilomètres, elle serait de 1500 degrés, environ 3 fois la chaleur nécessaire pour fondre plusieurs métaux. Si l'on faisait le même calcul jusqu'au centre de la terre, on trouverait 194 mille degrés de chaleur, ce qui dépasse tout ce que l'imagination peut concevoir ; mais il n'est pas probable qu'après avoir dépassé l'écorce terrestre, la chaleur interne augmente dans la même proportion de 1 degré par 33 mètres de profondeur. Quoiqu'il en soit, la chaleur interne du globe est d'une intensité effrayante, sa masse est évidemment en fusion et composée de minéraux et de métaux fort lourds.

Le feu et l'eau. Dans le siècle dernier, où la science géologique n'existait pas encore, deux théories furent émises sur la formation de notre globe : l'origine ignée ou plutonienne et l'origine aqueuse ou neptunienne ; on disputa beaucoup et longtemps sans s'entendre. Cependant, ces deux opinions en apparence contradictoires sont également vraies, on ignorait encore alors ce que l'on apprit bientôt après, d'abord par Cavendish, qui dès 1766, annonça que « l'air n'est pas un élément et qu'il existe plusieurs sortes d'airs, essentiellement différentes ; » il continua longtemps ses expériences, et en 1784 il parvint à composer de l'eau avec des gaz inflammables. Monge fit aussi de son côté, de semblables expériences, et les communiqua à Laplace et à Lavoisier, et ce dernier porta la plus vive lumière sur cet important sujet. Dès 1784, on apprit donc que par la combinaison des gaz hydrogène et oxygène, on produisait de l'eau et réciproquement on parvint à décomposer l'eau pure, dans ses éléments ; or ces éléments sont renfermés dans le feu, mais seulement dans des proportions différentes. Cette découverte chimique, dont on n'aperçut pas d'abord le rapport avec les phénomènes géologiques, est pourtant de la plus haute importance pour les expliquer. La terre, incandescente dans son principe a dû nécessairement être entourée d'une immense atmosphère de vapeurs brûlantes qui, se refroidissant peu à peu dans sa course à travers l'espace glacé à 100 degrés au-dessus de la congélation de l'eau, s'est condensée en immenses pluies diluviennes qui ont couvert le globe et accéléré son refroidissement. Les réactions chimiques, et les combinaisons de l'atmosphère avec les éléments contenus dans le globe, ont produit à la longue les diverses couches minérales dont il est composé et qui se sont métamorphosées par la suite des temps à l'aide de l'eau et des éruptions continues du feu interne qui les a soulevées des plus grandes profondeurs jusqu'à la surface actuelle. Nous verrons que ces révolutions, qui ont bouleversé le globe à plusieurs reprises différentes ont été quelquefois terribles en produisant des cataclysmes, mais que le plus souvent elles sont dues à des causes lentes, graduelles et continues.

Les fossiles. Dès le XVIe siècle un homme de génie, Bernard Palissy, reconnut le premier la véritable provenance des débris fossiles et ce ne fut que deux cents ans plus tard que les géologues italiens en se livrant spécialement à cette étude présentèrent sous un nouveau jour cette intéressante question : Valisnéri, Lazzaro, Moro, le moine Gemerilii et plusieurs autres savants démontrèrent la véritable origine des fossiles, et Buffon par ses éloquents écrits popularisa les idées de ces naturalistes à l'encontre de Voltaire qui ne comprit rien à cette question scientifique. Il osa soutenir que les coquilles d'origine marine trouvées sur les hautes montagnes y avaient été déposées par des pélerins allant à Rome ou en Espagne; Buffon trop préoccupé des hautes spéculations de la science pour avoir le goût de la controverse, lui fit seulement remarquer qu'il existait des montagnes entières de ces débris coquilliers et qu'il était absurde de croire qu'ils avaient été déposés par des pélerins. Voltaire se sentit vaincu sans vouloir en convenir, et selon son habitude, il esquiva la discussion avec son esprit caustique en disant : « qu'il ne voulait pas se brouiller avec M. de Buffon pour des coquilles ». Voilà ce philosophe, « ce singe de génie » qui a semé tant d'erreurs que nous récoltons encore aujourd'hui et qui n'ont pu être accréditées que par le charme de son style, il voulait dominer son siècle en toutes choses, mais il ne suffit pas d'être grand écrivain pour être grand philosophe et savoir observer les faits pour remonter à leurs causes.

L'étude des fossiles était encore dans l'enfance au commencement de ce siècle malgré les travaux des Camper, Pallas, Blumenbach, Sœmmerring, Merk, Faujas, Rosenmüller, Hôme et autres savants qui firent un grand nombre d'observations utiles mais qu'ils ne surent pas coordonner entre elles pour en faire un corps de science.

Un homme de génie, Georges Cuvier, vint mettre de l'ordre dans tout ce désordre et constituer une science nouvelle basée sur l'anatomie comparée des animaux existants ; il reconnut après de laborieuses recherches qu'il poursuivit pendant près de trente ans, qu'il existait une corrélation dans les formes de tous les êtres organisés au moyen de laquelle il est possible de reconnaître l'ensemble d'un animal par les fragments de chacune de ses parties, et ce fut là une grande découverte scientifique, une théorie appuyée sur des faits parfaitement établis, et quoique son auteur ait dit : « Les faits seuls restent et les théories passent », les faits observés par lui et la théorie qu'il en a déduite sont également restés et ont constitué la science.

Les animaux fossiles avant d'avoir été enfouis dans les profondeurs des couches ont nécessairement vécu à la surface de la terre et, sans leur découverte, on aurait pu croire que les terrains avaient été formés tels qu'ils existent, d'un seul jet. Les animaux fossiles sont donc une preuve de la succession graduelle des couches géologiques, et chaque espèce parfaitement caractérisée, ne présente pas d'intermédiaires pour passer aux espèces différentes des couches suivantes, ce qui paraît indiquer que les couches qui composent l'écorce terrestre et les animaux si divers qu'elles ont nourris, n'ont pas été formés par une seule et primitive création, mais par plusieurs créations successives qui ont eu lieu dans des espaces de temps incommensurables.

Des soulèvements des couches. La plus simple observation nous montre que les terrains de sédiment, lentement déposés par les eaux et formant des couches très-épaisses de coquilles marines, ont été déposés horizontalement sur les bords et les fonds des mers de l'ancien monde.

Cependant, ces couches d'origine marine, sont maintenant inclinées et adossées jusqu'à une grande hauteur contre les flancs des montagnes primitives, elles ont donc été soulevées de bas en haut, et, chose étrange, cette observation qui nous paraît maintenant si simple et si facile à constater, est la dernière qui ait été faite par les naturalistes, quoiqu'elle soit l'une des plus importantes, car, sans cette observation, les phénomènes géologiques seraient tout à fait incompréhensibles.

La théorie des soulèvements imaginée d'abord par Léopold de Buch, reprise ensuite et si bien démontrée par Elie de Beaumont, a été généralement admise par tous les géologues et elle s'explique fort clairement. Il est en effet évident que la terre continuant à se refroidir lentement, la périphérie de son noyau liquide incandescent qui touche son écorce tend à se solidifier et par conséquent à diminuer de volume, il en résulte que des vides doivent se former dans quelques parties, entre le noyau et l'écorce, celle-ci se contracte et se disloque, l'eau de la mer voisine des volcans communique parfois avec le feu interne et produit des vapeurs qui s'accumulent et se compriment dans ces vides, soulèvent les couches et disloquent l'écorce terrestre quelquefois jusqu'à sa surface. Ces éruptions produisent alors *les volcans et les tremblements de terre*, ceux-ci sont plus ou moins violents selon que le soulèvement est plus ou moins fort et qu'il se rapproche de la surface sans toutefois la percer, car, si l'émission aboutit à la surface, elle agit comme la soupape de sûreté d'une chaudière close et le tremblement de terre est beaucoup moins fort.

Les grands soulèvements qui ont élevé les grandes chaînes des montagnes telles que celles de l'Himalaya, des Alpes, des Pyrénées et des Cordilières, tiennent aussi aux grandes marées du noyau fluide incandescent et sont récents relativement à l'âge primitif de la terre où son écorce étant trop mince, son soulèvement ondulé presque continu ne pouvait produire que de petites montagnes ; aussi voit-on que les plus anciennes sont les moins élevées comme on peut le remarquer dans quelques parties de l'Angleterre, de la Normandie de la Bretagne et du centre de la France. Les grands soulèvements de certaines contrées ont pu produire des affaissements dans d'autres plus ou moins éloignées et quelquefois des cataclysmes et des déluges effroyables par suite des matières vaporeuses sorties du sein de la terre et qui s'étant condencées dans l'atmosphère l'ont couverte d'eau. Cependant on ne paraît avoir assez remarqué que les grands déluges ont aussi eu lieu quelquefois par la déviation de l'axe terrestre qui a déplacé les mers à plusieurs époques différentes, et cette cause qui, d'après nous, a laissé partout des traces, n'a pas encore été assez étudiée par les astronomes et surtout par les géologues qui en général ne paraissent pas y croire. Nous reviendrons sur ce point important. Il est évident pour nous qu'il y a un peu plus de 4,000 ans, un cataclysme est venu bouleverser la terre et lui a imprimé le relief que nous lui voyons. La ligne d'équinoxe ou l'équateur n'était peut-être pas à cette époque au même point où elle est aujourd'hui, et les phases astronomiques ont avec les phénomènes géologiques des corcordances dont nous ne nous faisons pas encore une assez juste idée.

Le philosophe qui observe avec attention la nature voit sans cesse la mort sous ses pieds et sur sa tête, la terre n'est à ses yeux que l'immense tombeau des êtres de toutes sorte qui l'ont successivement habitée, mais l'homme du monde le plus souvent dominé par d'autres idées plus souriantes, ne se préoccupe guère des phénomènes que lui présentent à chaque instant la terre et le ciel : il ne pense qu'au présent, il oublie le passé si fécond en graves enseignements et il n'a aucun souci de l'avenir; il s'étourdit et s'oublie dans les jouissances matérielles, en est-il plus heureux ? Chacun peut établir son compte vers la fin de sa vie et apprécier comment elle a été remplie. Que de vides on y trouve !

Déviation de l'axe terrestre. Tout dans la nature naît, meurt et se transforme pour renaître d'une vie nouvelle, pourquoi les planètes et les corps célestes feraient-ils exception à cette loi générale ? D'après la magnifique hypothèse imaginée en même temps par Laplace et par Herschel et qui sert de base à la géologie moderne, les groupes des corps célestes ont tous commencé par être des nébuleuses vaporeuses immenses qui en se condensant et en se divisant sont devenues des soleils lesquels se sont éteints en se refroidissant en parcourant l'espace glacé et se sont graduellement encroûtés pour devenir des planètes. Cette magnifique hypothèse a été généralement admise, parce que le grand nombre de faits observés dans ce siècle concordent parfaitement avec elle, et qui, sans elle, seraient tout à fait inexplicables; tous les corps célestes doivent finir parce qu'ils ont commencé et devenir sans doute des sphéroïdes incandescents pour recommencer une nouvelle formation et il n'y a aucun motif pour qu'il en soit autrement, tous les corps de la nature étant soumis à la même loi de formation, de destruction et de transformation, sans aucune exception.

La déviation de l'axe terrestre et les éruptions du feu interne sont les deux grandes causes des révolutions du globe, la première toujours brusque ou instantanée, ne s'est produite qu'à des époques très-éloignées les unes des autres, tandis que la seconde n'agit que sur quelques parties à la fois, plus ou moins étendues, et jamais instantanément sur le globe entier. Cette distinction est de la plus haute importance pour se rendre compte des phénomènes géologiques dont les uns ont été lents et successifs, tandis que les autres beaucoup plus rares ont été produits par des cataclysmes qui ont également eu lieu soit par le soulèvement des grandes chaînes de montagnes, soit par la déviation de l'axe terrestre qui a brusquement changé les climats, et l'on ne peut attribuer qu'à cette cause ces immenses glaciers du nord où ont été enfouis vivants dans la neige un si grand nombre d'éléphants-manmouth qui n'ont pas eu le temps de fuir, ce qui prouve que le cataclysme a été instantané. Indépendamment des bouleversements produits par les glaciers, la déviation de l'axe a dû nécessairement déplacer les mers et les élever jusque sur les montagnes, puisque l'équateur et les pôles terrestres changeant alors de place, les eaux se sont naturellement portées sur le nouvel équateur qui s'est renflé par le mouvement centrifuge de la rotation diurne. Alors des déluges universels, ou presque universels ont dû avoir lieu selon l'intensité de l'inclinaison de l'axe, ainsi que des déluges partiels moins étendus surtout lors de la fonte des glaciers du nord qui, avant le dernier cataclysme, se sont étendus jusqu'au 50e degré de latitude et encore plus en avant dans le midi pour les glaciers des Alpes et des Pyrénées. C'est ainsi qu'à des époques très-éloignées plusieurs cataclysmes sont venus bouleverser la terre par le courant impétueux des eaux dont les masses considérables de cailloux roulés, placés à toutes les hauteurs montrent presque partout les traces les plus évidentes, et à la suite de ces grandes révolutions de nouvelles créations ont dû graduellement se former sur les débris des anciennes.

Dans l'état actuel de la science, les observations sur la nature et la position des couches terrestres sont assez nombreuses pour remonter aux causes qui les ont produites, si toutefois on admet la déviation de l'axe qui seule peut très-souvent les expliquer, car il ne faut jamais oublier que le feu et l'eau ont également concouru à leur formation.

Principes géologiques. On ne peut se rendre

compte de tous les phénomènes géologiques qu'en formulant quelques principes directement déduits des observations et qu'en les coordonnant entre eux pour former une théorie scientifique. C'est le seul moyen d'expliquer les faits qui sans cela restent sans liaison et dans le vague le plus absolu. Cependant n'ayons pas une trop grande confiance dans les théories imaginées par les hommes, et n'oublions jamais qu'elles aboutissent nécessairement toutes à un principe primordial, unique créateur de toutes choses, et que l'humanité entière reconnaît comme le souverain arbitre de tout ce qui existe. Dieu et l'univers sont de toute éternité comme l'espace et le temps, mais la terre a été créée dans le temps ainsi que tous les corps célestes qui ayant eu tour à tour un commencement, doivent par la suite des temps avoir une fin pour recommencer une formation ou une création nouvelle.

Les phénomènes qui ont graduellement formé la terre telle qu'elle existe à présent, peuvent être expliqués à l'aide des principes suivants :

1. Le feu ou la chaleur interne du globe dont le noyau est en fusion.

2. L'eau produite par la condensation des vapeurs de l'atmosphère.

3. Les fossiles végétaux et animaux trouvés dans les couches stratifiées.

4. Les soulèvements des couches par les éruptions du feu interne.

5. La variation de l'inclinaison de l'axe terrestre à des époques inconnues.

6. Le mouvement perpétuel, l'attraction et l'électricité réciproque des corps.

Les 1er et 4e principes sont en corrélation, puisque c'est la pression du feu interne qui a soulevé les couches terrestres et qui les a inclinées comme nous les voyons.

Les 2e et 5e principes sont aussi en corrélation, puisque l'eau qui a couvert le globe a été plusieurs fois déplacée par suite de la variation de l'inclinaison de l'axe qui a eu lieu à des époques fort éloignées de l'ancien monde.

Le 3e principe, les fossiles, est en corrélation avec le 4e et 5e, puisque les couches où se trouvent ces fossiles ont été soulevées et que les eaux par leur déplacement, ont détruit et enfoui les animaux et les végétaux dans les couches où on les retrouve maintenant.

Le 6e principe, le mouvement, est en corrélation directe avec la chaleur et tous les autres principes en sont comme des corollaires.

Ces six principes, le feu, l'eau, les fossiles, les soulèvements des couches, la variation de l'inclinaison de l'axe et le mouvement perpétuel de la matière peuvent se réduire à deux principes générateurs : *La chaleur et le mouvement*. En effet, le feu a engendré l'eau par le refroidissement et la condensation des vapeurs de l'atmosphère, le feu a également soulevé les couches terrestres et les eaux les ont aussi déplacées par la variation de l'inclinaison de l'axe. Les animaux et les végétaux qui ont vécu à la surface du globe, aux diverses époques antérieures à la nôtre ont été enfouis par ces diverses causes qui, en définitive, se résument par la *chaleur primitive du globe et par son refroidissement graduel à travers l'espace glacé.* Ces deux causes primordiales doivent également exister pour tous les corps célestes, car il n'y a aucun motif pour qu'il en soit autrement, en gardant toutes les autres causes qui seulement varient d'intensité pour chaque corps selon l'âge de son existence et son degré de refroidissement, qui produisent la variété infinie des mondes et toutes les merveilles de la création.

En partant de la magnifique hypothèse de Laplace, tous les phénomènes s'expliqueraient par le seul principe de la chaleur dont l'intensité produit la lumière et l'intensité de la lumière produit le feu et les gaz qui les composent. En effet, les nébuleuses innombrables que l'on voit dans le ciel peuvent être considérées comme une infinité de mondes en voie de formation ; ces incommensurables vapeurs incandescentes en parcourant l'espace glacé finissent à la longue par se liqué-

fier et forment des sphéroïdes , entourées d'épaisses atmosphè-
res de la même nature incandescente de la nébuleuse, ces sphéroïdes en se concentrant de plus en plus deviennent des soleils,
puis , le refroidissement continuant toujours , les soleils s'étei-
gnent et s'encroûtent ; ils deviennent des corps opaques et
planétaires où la vie végétale et animale commence à se dé-
velopper aussitôt que la chaleur s'abaisse au degré approprié
à chaque espèce. Le sphéroïde continuant à se refroidir , son
écorce augmente d'épaisseur tandis que son atmosphère dimi-
nue , son aspect change et varie sans cesse , mais des révolutions quelquefois brusques et le plus souvent lentes et continues produites par le feu interne et les eaux diluviennes
viennent, après de longues périodes de temps, bouleverser les
couches de l'écorce pour recommencer une nouvelle création
sur les débris de l'ancienne. C'est ainsi que chaque corps céleste dont l'origine doit avoir été la même que celle de la
terre , doit finir comme elle pour recommencer une autre
formation , aucun atôme de la matière ne pouvant être détruit , mais tous les atômes sans aucune exception subissant
de continuelles et incessantes transformations, Ainsi des myriades de mondes sont en voie de tranformation dans l'espace infini tandis que d'autres myriades sont en voie de dé-
composition ; à chaque moment un monde se crée et un
monde se détruit pour se transformer et l'équilibre universel
est ainsi maintenu par le Créateur qui dirige l'harmonie de
toutes les merveilles de la nature.

Et dire que toutes ces merveilles découlent , *ou du moins
s'expliquent* par le seul principe créateur de la chaleur, n'est
pas la moins admirable des merveilles de la Providence.
Voilà comment on peut comprendre le principe de la chaleur
qui renferme en lui-même tous les autres et qui par conséquent peut les engendrer tous.

Partout où il y a chaleur il y a dilatation , mouvement et
attraction de la matière : les grands corps attirent les petits
qui sont maintenus à distance parce qu'ils ont été lancés avec
une prodigieuse vitesse autour des plus grands qui leur ser-

vent de centre régulateur. Partout où le degré de la chaleur est approprié à la nature de chaque être, la vie organique se développe avec d'autant plus de force que les germes ont été répandus en plus grande abondance par le Créateur et qu'il les a placés dans les conditions les plus favorables à leur existence.

La chaleur est dans son principe une puissance immatérielle comme son auteur, on ne peut la concevoir sans le mouvement, l'attraction et la vie. M. Léon Foucault, de regrettable mémoire, a démontré par l'expérience directe que le mouvement est identique avec la chaleur, et si l'on démontre réciproquement que la chaleur engendre le mouvement, il n'y aura plus alors qu'un seul principe physique dans la nature, et cette découverte pourrait conduire à des vérités nouvelles de la plus haute importance. Voilà une proposition bien hardie que nous ne pouvons pas approfondir davantage dans cet opuscule ; nous avons mis sur la voie avec l'espérance qu'on s'y maintiendra fermement, laissons aux savants dévoués le soin de résoudre ce grand problème ou de démontrer qu'il est indéterminé ou sans solution encore possible, mais nous pensons qu'il sera bientôt résolu et généralement admis. Pour le moment, et dans la crainte de nous laisser entraîner à des généralités trop hâtives, bornons-nous à reconnaître deux grands principes géologiques primordiaux : la chaleur et le mouvement, et, quant à l'attraction et à l'électricité, on ne peut considérer chacune de ces deux forces comme faisant partie intégrante et inséparable du mouvement de la matière.

En soumettant à l'analyse ces hautes questions scientifiques, on reconnaît qu'il n'y a en réalité qu'un seul principe qui régit l'univers, on reconnaît que la chaleur est répandue partout inégalement par le Créateur pour entretenir le mouvement perpétuel et pour éclairer et vivifier les mondes. Sans la chaleur rien n'existerait, et ce principe générateur de toutes choses n'a pas été créé, il est de toute éternité, comme Dieu qui le dirige pour le maintien et l'équilibre de l'harmonie universelle.

APPENDICES.

LES ÉTOILES. — L'ESPACE. — L'INFINI. — LE TEMPS.

Lorsque par une belle nuit sans lune, calme, sereine et sans nuages, nous admirons le ciel qui a l'apparence d'une immense voûte sphérique étoilée sur un fond bleu foncé, les étoiles nous paraissent plus ou moins brillantes, ce qui peut tenir à leur grandeur propre, à l'intensité de leur éclat ou à leur éloignement de la terre. Elles sont plus ou moins écartées les unes des autres et conservent toujours leur même position relative, comme si elles étaient fixées invariablement aux mêmes points du ciel, mais c'est là une illusion comme nous le verrons bientôt. Dans certaines parties elles sont si multipliées qu'elles cachent le bleu du ciel ; elle paraissent alors petites et deviennent nébuleuses, comme la voie lactée composée d'une réunion immense de petites étoiles qui embrasse, comme un large fleuve, toute l'étendue du ciel et qui a l'apparence d'un cercle passant par les deux pôles de l'univers.

On a classé les étoiles par leur grandeur apparente et on les a groupées entre elles de manière à former des figures, comme les deux signes du zodiaque qui marquent les mois et les saisons ; comme le chariot de la grande et de la petite ourse, et une infinité d'autres constellations.

La première idée qui nous vient à l'esprit en admirant le magnifique spectacle du ciel, est celle de connaître la distance des étoiles à la terre ; or, la trigonométrie nous démontre rigoureusement que pour mesurer la distance d'un point inaccessible, il suffit que ce point soit placé au sommet d'un triangle dont la base opposée et les angles adjacents soient connus. Si nous mesurons la plus grande base possible sur la terre et qu'à chacune de ses extrémités nous placions un instrument de précision pour mesurer les angles, si nous dirigeons l'une des lunettes de l'instrument sur le point opposé de la base et l'autre sur une étoile qui nous paraît la plus rapprochée, nous trouvons un angle droit et, en faisant la même opération sur l'autre extrémité de la base, dans le même moment physique, nous trouvons également un angle droit ; d'où il résulte que les deux rayons visuels dirigés sur l'étoile sont paralèlles et ne peuvent par conséquent fermer le triangle; or, puisque le triangle ne peut être construit, il en résulte encore, avec la même rigueur de raisonnement, que l'étoile est à une si grande distance de la terre que la base que nous avons mesurée sur cette dernière n'est qu'un point imperceptible relativement à sa distance.

Ne pouvant tracer une base assez grande sur la terre pour construire un triangle dont une étoile serait placée au sommet, les astronomes ont dû employer un autre moyen pour agrandir considérablement cette base; ils ont visé l'étoile juste au moment précis des deux solstices d'été et d'hiver et, par ce moyen ils ont pu avoir une base à peu près égale à *deux fois* la distance de la terre au soleil, soit 306 millions de kilomètres ou 76,500,000 lieues. Eh bien, cette base la plus grande qu'il soit possible d'imaginer, donne à peu près le même résultat que la petite base mesurée sur la terre, les rayons visuels dirigés sur l'étoile sont presque parallèles, les angles adjacents n'étant que de quelques minutes de degrés. Donc, une base de 306 millions de kilomètres — ou un globe de ce même diamètre de 306 millions de kilomètres — n'est qu'un point imperceptible relativement à la distance d'une étoile à la terre. Cependant en répétant l'opération de la parallaxe avec la plus grande précision, les astronomes ont trouvé pour l'étoile α du centaure la plus rapprochée de nous 0°91 de degré dont la distance serait de **226,400** fois le rayon de l'orbite terrestre ou de 8,603,200,000,000 (8 trillions 603 billions de lieues).

La 61ᵉ étoile du cygne a pour parallaxe 0°35 de degré, sa distance à la terre serait de 22 trillions 735 billions de lieues.

Sirius, l'étoile la plus brillante du ciel, serait à 52 trillions de lieues, et l'étoile polaire serait à 73 trillions 948 billions de lieues.

Ces distances, quelque grandes qu'elles soient, sont pourtant *finies*, puisque nous voyons distinctement ces étoiles à la simple vue, mais nous ne pouvons pas mesurer l'éloignement du plus grand nombre, et l'on dit alors qu'il est *indéfini*.

L'espace, ou le milieu où sont placés les corps célestes, n'a pas de bornes, car, s'il était fini, qu'est-ce qu'il y aurait après lui ? sinon de l'espace et toujours de l'espace, parce qu'il est impossible de le remplacer par quoi que ce soit qui ne soit pas lui : rien serait encore quelque chose, ce serait l'espace comme on doit le concevoir. L'espace est donc *infini*, sans bornes possibles, par conséquent rien ne peut y être ajouté ni retranché sans qu'il cesse d'être infini et, comme le Créateur de l'ordre universel, il n'a pu avoir de commencement et ne peut avoir de fin. Le célèbre Pascal, a défini l'espace une sphère infinie dont le centre serait partout et la circonférence nulle part.

Le *temps* se mesure par les révolutions des corps célestes et il peut être fini, c'est-à-dire avoir un commencement et une fin relativement à chacun des corps célestes qui tournent dans l'espace. Mais si on le considère dans l'ensemble de l'univers, le temps comme l'espace est sans bornes et sans limites, et comme Dieu, il ne peut avoir eu un commencement et, par conséquent, avoir une fin. Le temps dans l'immensité de l'univers est infini, c'est l'éternité, tandis que le temps de chaque corps céleste est indéfini, c'est-à-dire limité quelle que soit la grandeur de sa durée, comme nous le démontrerons.

Le système planétaire. — L'attraction universelle. — Infinité des mondes. — Mouvement perpétuel.

— Pendant une belle nuit on voit scintiller à l'œil nu une immense quantité d'étoiles, mais lorsqu'on observe le ciel à travers un bon télescope, on en distingue une quantité tellement innombrable que l'œil en est ébloui comme par une masse de pierreries de toutes les couleurs autrement brillantes que celles que produit l'industrie humaine et qui font l'effet d'une chandelle comparée à la lumière du soleil. Le ciel est entièrement couvert de ces étoiles télescopiques, plus ou moins étincelantes ou nébuleuses, à peu près comme celles formant le cercle de la voie lactée. Ces astres non visibles à l'œil nu à cause de leur éloignement, sont nécessairement à des distances inégales de la terre et l'on se demande d'abord ce que peuvent être ces corps si éclatants et si éloignés de nous que nous voyons pourtant si distinctement ! L'homme ne le saura peut être jamais, et en supposant que dans l'avenir il puisse soulever un peu le voile qui cache la profondeur du ciel, il est en attendant réduit à des conjectures à des hypothèses que le raisonnement peut néanmoins démontrer absurdes ou possibles sans pouvoir affirmer leur réalité. Puisque la faculté de concevoir l'infini nous a été donnée, tâchons de pénétrer dans la profondeur, en marchant du connu à l'inconnu, par le seul raisonnement dégagé de tout système préconçu par l'imagination.

Pendant une belle nuit on croit voir le ciel entier tourner autour de la terre, les étoiles se lèvent à l'orient, montent graduellement plus ou moins au-dessus de l'horizon, selon la position de chacune et finissent par se coucher à l'occident, le jour arrive et le soleil se lève aussi à l'orient, il parvient au plus haut de sa course à midi, c'est-à-dire lorsqu'il arrive au méridien, il continue sa marche en descendant pour se coucher à l'occident et pendant la journée l'éclat de sa lumière nous empêche de voir les étoiles que l'on peut néanmoins distinguer à travers un long tube, ou en descendant assez profondément dans un puits. Les étoiles comme tous les astres ne se couchent donc jamais, et l'ensemble du ciel paraît tourner d'orient en occident autour de la terre comme on l'a cru pendant bien des siècles, mais c'était une illusion de nos sens qui nous trompent si souvent. Nous venons de voir que les étoiles sont à des distances indéfinies et pour qu'elles tournent autour de la terre qui n'est qu'un point imperceptible de l'univers, il faudrait leur supposer une vitesse qui surpasserait tous les calculs des probabilités imaginables. L'ensemble du ciel ne peut pas tourner et ne tourne pas en effet autour de la terre dans vingt-quatre heures; c'est la terre qui fait un mouvement de rotation sur elle-même d'occident en orient dans ce même temps de vingt-quatre heures, d'où il suit que le mouvement apparent des astres est absolument le même qu'en supposant la terre immobile.

Lorsqu'on se transporte au bord de la mer et qu'on s'élève un peu au-dessus, on voit que l'horizon des eaux n'est pas une ligne horizontale, mais une ligne courbe dont les extrémités nous paraissent plus basses que son milieu qui est directement en face de notre œil ; si en même temps nous regardons un navire à l'horizon nous apercevons d'abord sa mâture avant de voir sa coque et à mesure qu'il s'avance vers nous, sa mâture s'élève et nous voyons apparaître sa coque; c'est ce qui prouve qu'il ne suit pas une ligne horizontale, mais une ligne courbe comme celle que nous avons d'abord observée à l'horizon. Ces deux courbes, perpendiculaires l'une à l'autre, étant suffisamment prolongées se ferment et forment deux grands cercles ; la terre est donc à très-peu près sphérique, nous disons à très-peu près parce que son mouvement de rotation a dans le principe et par la force centrifuge, un peu renflé son milieu qu'on appelle équateur, et un peu aplati les extrémités de l'axe sur laquelle elle tourne et qu'on appelle ses pôles. Nous verrons par la suite la haute importance de ce renflement de l'équateur et de cet aplatissement des pôles pour expliquer les révolutions successives de la terre depuis son origine.

Le mouvement de rotation de la terre peut facilement être constaté et même se voir à l'œil nu, voici comment. Si par une fenêtre ouverte du côté de l'Orient, on laisse entrer le matin un rayon de soleil dont la lumière se projette contre le mur intérieur de l'appartement, si, contre ce mur nous plaçons une feuille de papier divisée en centimètres carrés, nous voyons d'abord que ce rayon peu incliné éclaire la feuille et qu'à mesure que le soleil s'élève, c'est-à-dire que la terre tourne, pour parler plus exactement, la direction du rayon solaire s'incline davantage et la lumière contre le mur s'abaisse proportionnellement. Les choses en cet état, si nous nous plaçons à côté du rayon solaire, le corps et les yeux dans l'immobilité la plus parfaite possible, nous verrons distinctement la lumière contre le mur, baisser à vue d'œil et marcher horizontalement d'Occident à l'Orient, et cet abaissement graduel est produit par le mouvement de rotation de la terre que l'on voit ainsi très-bien a l'œil nu sans l'aide d'aucun instrument. Chacun peut faire cette facile expérience et se convaincre de visu que la terre tourne sur elle-même. Si l'on veut donner plus d'extension à cette expérience, l'on se servira d'une montre à secondes, l'on observera l'abaissement de la lumière par minute, par exemple, et l'on reconnaîtra si le mouvement de rotation est parfaitement uniforme, ou s'il est produit par secousse ou par ébranlement, et s'il n'est pas un peu retardé et accéléré aux diverses heures de la journée.

Indépendamment du mouvement de rotation, qui est d'environ 463 mètres par seconde à l'équateur; la terre a un mouvement de révolution beaucoup plus accéléré autour du soleil puisqu'il est d'environ 30,466 mètres par seconde, c'est le temps de cette révolution qui constitue l'année solaire. Jusqu'à la fin du quinzième siècle, on croyait que c'était le soleil qui faisait sa révolution autour de la terre dans l'année, mais Copernic d'abord et Galilée ensuite ont annoncé le contraire et les savants qui leur ont succédé l'ont démontré de la manière la plus évidente.

Le système planétaire dont la terre fait partie, a pour centre le soleil, cinq planètes placées à des distances plus ou moins grandes de ce centre, et visibles à l'œil nu étaient bien connues de l'antiquité et depuis le perfectionnement des instruments d'observation, il en a été découvert plusieurs autres et l'on en découvrira encore de nouvelles à mesure de l'avancement de la science. Les planètes tournent toutes autour du soleil dans des temps plus ou moins longs, suivant qu'elles en sont éloignées, les unes ont des satellites comme la lune qui tourne autour de la terre, d'autres n'en ont pas ou du moins n'ont pas été encore aperçus. Tous ces mouvements des planètes et de leurs satellites autour du soleil et sur elles-mêmes sont connus puisque la position relative de ces astres est annoncée d'avance avec la plus grande précision et qu'ils expliquent parfaitement la marche régulière de notre système planétaire, mais ils n'expliquent rien au delà.

Les planètes maintenues dans leurs orbites, par leur mouvement autour du soleil et par son attraction, ont été lancées dans l'espace avec une si prodigieuse vitesse qu'elles ne peuvent s'écarter de la route qui leur a été primitivement tracée par le Créateur. Il importe de faire remarquer que le mouvement de rotation augmente la vitesse du mouvement de révolution de la terre autour du soleil et en est la conséquence nécessaire, comme la rayure en hélice du canon, en donnant au boulet le mouvement de rotation, augmente sa vitesse, dirige le projectile avec plus de précision et, en outre, lui fait percer le but à la manière d'une vrille.

Notre grand astronome Laplace a si nettement exposé le système planétaire que nous ne pouvons que le citer textuellement pour en faire mieux comprendre la régularité et l'harmonie, il a reconnu que les planètes ont entre elles des rapports qui peuvent nous éclairer sur leur origine. Voici son opinion sur cet intéressant sujet.

« En considérant avec attention ce système, on est étonné

» de voir toutes les planètes se mouvoir autour du soleil,
» d'Occident en Orient, et presque dans un même plan ; les
» satellites en mouvement autour de leurs planètes, dans le
» même sens, et à peu près dans le même plan que les pla-
» nètes ; enfin, le soleil, les planètes et les satellites dont on
» a observé les mouvements de rotation, tourner sur eux-
» mêmes, dans le même sens et à peu près dans le plan de
» leurs mouvements de projection. Les satellites offrent à cet
» égard une singularité remarquable : leur mouvement de
» rotation est exactement égal à leur mouvement de révolu-
» tion, en sorte qu'ils présentent constamment le même hé-
» misphère à leur planète.

» Des phénomènes aussi extraordinaires, continue le célè-
» bre auteur de la mécanique céleste, ne sont pas dûs à des
» causes irrégulières. En soumettant au calcul leur probabi-
» lité, on trouve qu'il y a plus de *deux cent mille milliards à*
» *parier contre un, qu'ils ne sont point l'effet du hasard;* ce
» qui forme une probabilité bien supérieure à celle de la plu-
» part des événements historiques dont nous ne doutons point.
» Nous devons donc croire, au moins avec la même confiance,
» qu'une *cause primitive a dirigé les mouvements planétai-*
» *res.*

» Un autre phénomène également remarquable du système
» solaire, est le peu d'excentricité des orbes des planètes et
» des satellites, tandis que ceux des comètes sont fort allon-
» gés ; les orbes de ce système n'offrant point de nuances in-
» termédiaires entre une grande et une petite excentricité,
» nous sommes encore forcés de reconnaître ici l'effet d'une
» *cause régulière.* Le hasard n'eût point donné une forme
» presque circulaire aux orbes de toutes les planètes.

» Quelle est cette *cause primitive ?* »

Le savant auteur vient de prouver qu'elle ne peut pas être
l'effet du hasard, eh bien, cette cause existante par elle-
même et qui dirige les mouvements des corps célestes est bien
facile à trouver et il est inconcevable que notre célèbre auteur
n'ayant pu la reconnaître, malgré les efforts de sa haute

science, ne l'ait pas au moins pressentie. Cette cause primitive ne peut-être que le Créateur de l'univers, et le Créateur, dans toutes les langues du monde s'appelle Dieu. Nous défions tous les savants de prouver qu'il existe une autre cause de l'organisation de l'univers, et tous ceux qui ont cherché à prouver le contraire se sont perdus dans des raisonnements incompréhensibles.

On nous pardonnera la citation de notre ancien maître, à cause de sa clarté d'expression et de sa grande importance sur les phénomènes que nous devons exposer. La science n'a pu encore découvrir les lois de ces phénomènes, ils ne peuvent donc être expliqués que par des raisonnements basés sur des hypothèses, et Laplace a été lui-même forcé d'employer cette forme de raisonnement qu'il a développé dans les notes de son ouvrage. La raison de la cause primitive n'y est pourtant pas démontrée, et alors il semblerait tout simple et tout naturel de la faire remonter à la puissance du Créateur qui ne nous a pas encore divulgué toutes les lois qui régissent la matière. Hors de cette vérité de la cause primitive éternelle, on tombe fatalement dans le doute qui finit presque toujours par la négation de tout ce que nous ne pouvons comprendre. C'est là une erreur déplorable et trop commune dans ce siècle.

Arrivons enfin à la loi de l'attraction universelle dont la découverte appartient à Newton, quoique Pascal en eût eu l'idée avant lui. Pascal mourut en 1660, et les premières recherches de Newton sur l'attraction datent de 1666, ce ne fut qu'en 1687 qu'il publia son admirable livre « des principes » dans lequel il démontre mathématiquement les lois de l'attraction. L'astronomie doit ses progrès à ce puissant génie qui a émis le principe suivant. *Les corps planétaires s'attirent proportionnellement à leurs masses et en raison inverse des carrés de leurs distances.* Si par exemple, la masse du soleil est 1,400,000 fois plus grande que celle de la terre, il en résulte que le soleil attire notre globe avec une force 1,400,000 fois plus grande que celle en vertu de laquelle il en est attiré et la grande vitesse de la terre autour du soleil, empêche qu'elle ne puisse être attirée vers lui. Pour mieux faire comprendre cette grande loi et ne laisser aucun doute dans l'esprit, répétons sous une autre forme le principe : Si nous supposons que la distance d'une planète au soleil soit deux fois, trois fois, quatre fois..... plus grande que celle de la terre, la force attractive de l'astre régulateur sur cette planète serait quatre fois, neuf fois, seize fois..... plus petite.

Pythagore dans l'antiquité eut le pressentiment du mouvement de la terre autour du soleil, cependant il s'écoula près de deux mille ans, lorsque Copernic, né à Thorn en 1473, vint annoncer ce mouvement, et ce savant eut même le pressentiment de la loi de l'attraction ; puis vint Galilée qui démontra ce mouvement par des calculs incontestables et qui furent pourtant contestés même par des savants de son temps. (1616).

Il est rare qu'une grande découverte soit l'œuvre d'un seul homme et l'histoire prouve que toute vérité avant d'être parfaitement démontrée, est précédée de lueurs et d'inspirations de plusieurs penseurs qui la font pressentir longtemps avant qu'elle soit généralement admise. Au XVIe siècle, l'idée de l'attraction était dans toutes les têtes intelligentes, et les poëtes même l'avaient deviné, on savait la chose avant de lui avoir donné un nom. Avant Pascal, avant Newton, Shakspeare avait dit : « Mon amour est comme le centre de la terre qui attire toutes choses. » Et dans un autre passage du même poëte : « Fidèle comme la terre à son centre. »

Cette grande loi de l'attraction que Newton, le premier, a eu le mérite de démontrer dans son admirable livre des *Principes*, a été d'abord admise et admirée par tous les savants parce qu'elle explique tous les phénomènes du système solaire en les soumettant au calcul. Cependant, elle ne satisfait pas l'intelligence d'un observateur qui veut pénétrer dans la profondeur des effets et des causes, et il reste encore bien des doutes à éclaircir pour expliquer par le raisonnement le mécanisme de l'univers.

Les planètes varient de position relativement à la terre et
au soleil, elles en sont plus ou moins éloignées à diverses
époques de l'année ; il arrive alors que l'attraction réciproque de deux astres, par exemple, fait un peu varier
la vitesse de leur mouvement. La terre ne tourne donc pas
toujours autour du soleil avec la même vitesse et il y a
des époques de l'année où son mouvement est un peu retardé
et d'autres où il est un peu avancé, mais ce retard et cette
avance se compensent exactement, et la durée de la révolution
entière de l'année se fait toujours à peu près dans le même
temps.

Les lois générales ne sont pas aussi immuables qu'on le
croit généralement, elles sont sujettes à des perturbations,
ce qui a fait penser à quelques philosophes que le Créateur
ne gouverne pas l'univers par des lois générales. Il est certain
que rien dans la nature n'est rigoureusement mathématique,
tout, au contraire, est soumis à des exceptions, peu importantes il est vrai relativement à l'ensemble, mais ces faibles
écarts, loin d'infirmer les lois générales, les confirment, et
sans les méthodes scientifiques qui sont le résultat nécessaire de
la faculté qui a été donnée à l'homme d'abstraire ses idées
pour les séparer, les distinguer les unes des autres et les
coordonner entre elles pour composer un ensemble, il lui
serait impossible de raisonner, il resterait éternellement dans
l'enfance et la plus profonde ignorance sur ce qu'il doit savoir pour se conduire, et son esprit vague ou incertain sur
toutes choses, serait fatalement livré aux suppositions les plus
absurdes sur les phénomènes de la nature, comme cela arrive
aux peuplades sauvages.

L'étude du ciel nous transporte de l'idéal dans l'infini et
nous élève aux plus hautes pensées que les hommes de génie
formulent par des lois pour nous les faire mieux comprendre : Copernic, Galilée, Képler, Léibnitz, Pascal, Newton,
Laplace et bien d'autres génies encore, ont fait avancer la
science, et leurs admirables travaux ont rendu possible de la
faire comprendre à tous les hommes intelligents.

Mais revenons à notre sujet : notre système planétaire supposerait le soleil fixe, immuable sur un point du ciel, comme centre attractif du système autour duquel tournent les corps qui lui sont subordonnés ; mais comment le soleil, malgré son mouvement de rotation dont la durée est de vingt-cinq jours et demi pourrait-il se maintenir sur le même point de l'espace étant abandonné à lui-même, sans tomber par son propre poids avec une vitesse s'accélérant comme le carré des distances parcourues ? C'est là un premier doute qui ne satisfait pas l'esprit sur la loi de l'attraction universelle comme nous la concevons. Il n'est pas possible que le soleil soit cloué sur un point fixe du ciel, il doit nécessairement être entraîné avec son cortége de planètes et leurs satellites, mais entraîné où et comment ? Voilà ce qui ne peut être démontré dans l'état actuel de la science, et l'on est bien forcé d'imaginer des hypothèses qui puissent s'accorder avec les phénomènes visibles du ciel : cela n'est pas facile, essayons cependant de sonder dans cette profondeur infinie.

Les anciens avaient d'abord supposé que le soleil tournait autour de la terre qui était fixe, et, par cette hypothèse tous les phénomènes s'expliquaient aussi bien qu'en faisant tourner la terre, seulement la direction du mouvement était inverse, le soleil paraissait tourner d'Orient en Occident et la terre tourne d'Occident en Orient. On dit encore dans le langage usuel, que le soleil monte et descend et même qu'il fait un retour sur lui-même à l'époque des solstices. Ce n'est là qu'une manière de parler, puisque c'est la terre qui tourne et non le soleil, mais les hommes de tous les temps sont comme les moutons de Panurge, ils suivent la voie qui leur est tracée sans s'inquiéter le moins du monde si cette voie est la vraie. Depuis qu'il a été démontré que la terre était un sphéroïde dans l'espace comme tous les autres corps célestes, il était impossible de la supposer immobile dans cet espace où elle n'est soutenue par rien ; cependant, le faux système du monde des anciens a continué d'être admis jusqu'au XVIe siècle de notre ère, tant l'habitude a de force pour arrêter la marche régulière des progrès de l'humanité. Depuis que l'on a admis , non sans peine, que c'est la terre qui tourne et non le soleil , on a seulement déplaeé la question , ce serait à présent le soleil qui serait fixe, et cependant en vertu de la loi de Newton , il est aussi absurde de supposer l'immobilité de l'un que de l'autre. On croit aussi que les étoiles sont fixes, c'est toujours la même inconséquence ; les astronomes admettent bien un petit mouvement qui est propre à quelques-unes , mais il ne s'agit pas de ce petit mouvement, non plus que de celui des étoiles doubles tournant l'une autour de l'autre ; ces mouvemeuts sont en dehors de la question qui nous oc- cupe et nous croyons qu'en vertu de la loi de l'attraction, elles doivent toutes également tourner les unes autour des au- tres, comme nous allons essayer de le faire comprendre. Il est vrai qu'en supposant les étoiles fixes, les phénomènes visibles du ciel s'expliquent parfaitement , mais ils ne s'ex- pliquent que par une supposition que nous venons de dé- montrer absurde, car il est impossible que les astres , quels qu'ils soient, conservent toujours une position invariable dans le ciel , et puisque les planètes tournent , les astres doivent tourner aussi, ou la loi de l'attraction universelle serait fausse.

Les astronomes ont bien supposé que tout le système pla- nétaire *pouvait être entraîné*, mais ne pouvant démontrer ce fait par le calcul , ils l'ont laissé de côté et ne s'en sont plus occupés. Bornons-nous pour le moment à une seule hypothèse pour tâcher de l'expliquer , sur plusieurs que l'on peut imaginer pour faire au moins pressentir ce mouvement de translation de tous les astres sans exception.

Imaginons d'abord que le soleil et les planètes tournent au- tour d'un centre plus puissant que le soleil, en suivant un orbe élliptique plus ou moins allongé , et que ce centre soit une étoile que nous n'apercevons pas, ou parmi celles que nous apercevons, supposons que ce soit la plus rapprochée de nous qui, comme nous l'avons démontré , est à une immense distance , il en résulterait que notre système planétaire pourrait parcourir un second orbite d'une étendue immense dans le ciel. Le soleil deviendrait alors planète relativement à l'étoile autour de laquelle nous supposons qu'il tourne, et les planètes deviendraient les satellites du soleil.

Si comme tout porte à le croire, l'étoile la plus rapprochée de nous est elle-même le centre d'un système planétaire que nous ne pouvons apercevoir à cause de son éloignement, et de plus que ce second système tourne autour d'une autre étoile plus puissante, notre système solaire que nous représenterons par 1, pourrait être alors entraîné dans le même orbite que celui que nous représenterons par 2; en d'autres termes, si le centre 2 n'est pas assez puissant pour entraîner le centre 1, les deux centres pourraient faire leur révolution dans le même orbite du centre 3, et ainsi de suite de proche en proche jusqu'à l'infini. Tous les astres seraient ainsi dans un mouvement perpétuel qui seul peut les maintenir dans l'espace où ils ont été lancés par le Créateur.

Puisque l'espace n'a pas de limites, *le nombre des corps célestes doit être également infini*, car il n'est pas probable que ce nombre soit limité et que l'espace reste vide autour de l'immensité des corps qui l'occupent; il est bien plus probable que les corps célestes lumineux ou opaques, sont infinis comme l'espace et le temps. Après le second orbite de notre système solaire, on peut donc en supposer un troisième plus immense encore et ainsi de suite; on voit que notre hypothèse repose sur l'infini de l'espace, du temps et des corps célestes, et si notre conception intellectuelle n'est pas assez forte pour se faire une *juste idée de l'infini*, on trouvera qu'elle est absurde et elle le serait en effet, si l'on supposait une limite à l'espace et aux corps qui l'occupent, puisqu'alors on arriverait à la fin, à un centre nécessairement immobile, ce qui ne peut pas être.

D'après le système que nous exposons, les corps célestes se meuvent tous sans exception, les uns autour des autres; le même orbite pouvant réunir plusieurs centres planétaires, sans que nous puissions en déterminer les lois. On ne manquera certainement pas de nous objecter — en croyant l'objection invincible — que les étoiles sont fixes puisqu'elles conservent toujours leur même position relative sur la voûte sphérique du ciel, et que par notre système, leurs positions seraient nécessairement changées comme cela arrive pour les planètes qui n'occupent pas souvent les mêmes points du ciel en les observant de la terre.

Voilà l'objection que l'on croit irrésistible, et cependant tous les corps célestes se meuvent. Nous allons le faire pressentir, car hors du système planétaire, il ne peut pas exister de preuves mathématiques, mais ce n'est pas une raison pour nier le mouvement des astres, malgré qu'il nous soit impossible de le démontrer par des calculs, et il est absurde de croire que tout ce qui ne peut être démontré par le raisonnement de l'homme est virtuellement faux ; il est des vérités au-dessus de lui, les unes qu'il comprend maintenant et qu'il ne comprenait pas autrefois; les autres qu'il comprendra dans l'avenir, sans qu'il puisse jamais espérer de soulever en entier le voile qui cache la profondeur infinie des cieux.

Nous disons que la fixité du soleil et des étoiles n'est qu'apparente, et que leur position relative peut changer dans un assez long espace de temps; or, depuis combien de temps observons-nous le ciel avec quelque exactitude, et avons-nous supposé l'immobilité des étoiles? Voulez-vous que ce soit depuis quatre mille ans? Ce serait beaucoup, et les observations constatées ne remontent pas aussi loin ; mais en admettant que leur position relative n'a pas varié depuis quatre mille ans, on ne peut pas en conclure qu'elle ne changera pas dans une période beaucoup plus longue, et qu'est-ce que quatre mille ans dans l'éternité..... Rien ! ce n'est pas une minute dans notre manière de compter le temps.

Continuons à déduire les conséquences de notre hypothèse. Nous avons d'abord supposé que notre système planétaire qui n'est qu'un point imperceptible dans l'Univers, tournait avec le soleil autour de l'étoile la plus rapprochée, pourvu qu'elle ait assez de puissance attractive pour l'entraîner ; mais nous avons dit que cette étoile était à une distance de 8 trillions 603 billions de lieues, l'orbe que nous décrivons autour d'elle est donc encore plus immense, et quoique l'attraction entre des corps si éloignés les uns des autres, doive être extrêmement faible et presque nulle, cela ne peut être un obstacle à leur mouvement dans l'espace autour d'autres corps. En supposant que la vitesse de notre système planétaire autour d'un second centre soit égale, par exemple, à celle de la terre autour du soleil, — hypothèse pure, car l'orbite pourrait bien être plus allongé et avoir une plus grande vitesse, — supposons néanmoins une vitesse de sept lieues par seconde, on peut en nombres ronds faire ce calcul fort simple :

31,554,000″ de l'année × 4,000 ans = 126,216,000,000″ × (30,466 mèt.), soit 7 lieues par seconde = 883,512,000,000 lieues supposées parcourues dans 4,000 ans ; or, l'orbe que nous décririons autour de l'étoile la moins éloignée — α du Centaure, — serait d'environ 52 trillions de lieues, d'où il résulte que dans l'espace de 4,000 ans qui n'est même pas un jour dans la durée des planètes, nous n'aurions parcouru que le 0,017^e, ou environ le 1/60e de cet orbe immense ; donc, la position relative des étoiles ne peut pas être très-sensiblement changée dans une période de 4,000 ans. Cela pourrait cependant suffire pour y apporter une légère modification, si l'on suppose que les étoiles sont fixes, mais comme par notre hypothèse, elles sont toutes entraînées dans le même sens, d'Occident en Orient, le changement relatif de position pourrait être insensible. Cependant, l'orientation des pyramides d'Egypte porterait à penser qu'un très-léger changement s'est produit dans le ciel depuis les temps historiques, indépendamment de celui qui a nécessairement lieu par la différence de l'année solaire à l'année sidérale, cette différence, qu'on appelle la rétrogradation des fixes, tenant uniquement à la manière de compter le temps.

D'après les simples calculs qui précèdent, les étoiles sont placées à des distances plus ou moins grandes entre elles, mais toujours immenses, elles nous paraissent assez rapprochées les unes des autres, parce que nous les voyons comme si elles étaient sur le même plan sphérique, c'est là une illusion évidente, car elles sont à des profondeurs du ciel fort différentes et fort éloignées les unes des autres. Les étoiles ne peuvent être que des soleils, formant non-seulement autant de centres planétaires, mais agissant encore comme centres d'attraction sur d'autres systèmes moins importants. Leur position ne serait donc fixe qu'en apparence et ne subirait de changements sensibles que dans une période de temps fort longue, et nous ajouterons que les centres d'attraction peuvent avoir été combinés dans leurs mouvements, de manière à ce que leur position relative n'éprouve pas de changements sensibles lorsqu'ils sont observés de la terre, c'est-à-dire d'une distance indéfinie, et d'ailleurs tous les astres tournant dans le même sens, *c'est comme s'ils ne tournaient pas pour nos yeux,* et c'est pourquoi ils nous paraissent fixes. Cette remarque est très-importante à retenir pour comprendre le système que nous venons d'exposer et qui s'harmonise parfaitement avec la loi générale de la pesanteur universelle.

On peut ne pas admettre notre hypothèse, et imaginer toutes celles que l'on voudra sur la position des astres dans le ciel, excepté leur immobilité qui est impossible, et c'est pourtant ce que l'on croit généralement encore, tant la force de l'habitude a de puissance sur nous. On dirait que l'intelligence de l'homme se paralyse lorsqu'il veut s'efforcer de comprendre les phénomènes si extraordinaires que nous présente la voûte apparente du ciel dans son admirable magnificence. Elle nous paraît immobile, et cependant le plus simple raisonnement suffit pour nous prouver, au contraire, que tout est en mouvement selon les lois éternelles du Créateur.

En résumé, l'idée générale que l'on doit se faire de l'univers, c'est le double mouvement perpétuel de rotation et de révolution de la matière avec une force proportionnelle aux masses. La matière est infinie, il n'y a pas un seul atome, quelque infiniment petit qu'on le suppose, qui ne soit soumis à la chaleur, à l'attraction et au mouvement par le Créateur,

3

qui seul maintient, par ces trois forces, l'harmonie universelle.

Nous devons encore faire remarquer que nous sommes
naturellement parti de notre système planétaire, mais il ne
peut pas être par sa petitesse relative le premier centre ou le
point de départ, il est bien plus probable que ce premier
centre est placé à un point indéfini du ciel qu'il est impossible de déterminer, et que Dieu seul peut connaître, car dans
ces questions de l'infini, il faut toujours en venir à la cause
première, c'est-à-dire à la puissance du Créateur. Nous n'ou-
blierons pas que cette pensée est la sauvegarde de l'ordre
universel, et que sans elle rien ne peut être parfaitement
expliqué; chasser Dieu de la science, c'est en chasser la principale cause, le principe primordial qui a engendré graduellement tous les autres par l'observation et l'exercice de
l'intelligence humaine qui ne se développe dans toute sa force
que par l'inspiration divine. L'homme sans Dieu est matière
pure, un corps sans âme, et l'âme est la lumière de l'intelligence ou de l'esprit qui n'a rien de matériel, et qui cependant
parvient à diriger et à maîtriser la matière.

CONCORDANCE DE LA GENÈSE DE MOISE AVEC LES FAITS GÉOLOGIQUES.

La lumière nous vient directement du soleil, et Moïse dit
que Dieu créa la lumière le premier jour : *Dixitque Deus :
Fiat lux. Et facta est lux*. Tandis qu'il ne créa le soleil et la
lune que le quatrième : *Fiant luminaria in firmamento cœli,
et dividant diem ac noctem, et sint in signa et tempora, et dies
et annos*. Cette contradiction n'est qu'apparente, nous allons
en donner l'explication.

La langue dont s'est servi Moïse était encore très-pauvre à
son époque, elle n'avait que deux à trois mille mots différents, et le même mot a dû nécessairement être employé dans

plusieurs acceptions différentes. Par le mot lumière, création du premier jour, on peut également entendre l'incandescence du globe qui, dans son principe, était une masse lumineuse de feu éclairant l'espace de toutes parts, et Moïse a eu le pressentiment de cette lumière primitive de la terre, car, le jour, comme nous l'entendons, n'étant pas encore fait par le Créateur, il a voulu exprimer par ce mot jour, un temps ou une époque plus ou moins longue, pendant laquelle s'opérait le refroidissement du globe incandescent, pour former une croûte solide qui, par la condensation de l'immense atmosphère brûlante qui l'enveloppait, fut bientôt couverte par les eaux. Tel fut le second jour ou époque de la création d'après la Genèse.

Par l'acception donnée à ces deux mots, *lumière et jour*, les phénomènes géologiques de la science moderne s'accordent avec le récit de Moïse; en effet, après l'époque incandescente, on arrive à une époque de transition, et les vapeurs brûlantes de l'atmosphère se condensant dans le milieu très-froid de l'espace, retombèrent en pluies diluviennes qui hâtèrent le refroidissement du globe en le couvrant d'eau, à l'exception des îles nombreuses soulevées par les irruptions continues de la chaleur centrale.

La terre s'agrandissait graduellement et l'étendue des eaux diminuait d'autant, c'est précisément ce que dit Moïse : *Et vocavit Deus aridam, terram, congregationesque aquarum appellavit maria.* Puis vinrent dans l'ordre de la création les herbes et les arbres, lorsque la terre fut prête à les produire, et Moïse dit : *Germinet terra herbam virentem et facientem semen, et lignum pomiferum faciens fructum juxta genus suum, cujus semen in semetipso sit super terram.* Tel fut le troisième jour ou époque de la création dans l'ordre de la Genèse.

Arrivons au quatrième jour, ou époque pendant laquelle Moïse dit littéralement que Dieu créa le soleil et la lune. Remarquons d'abord que le soleil qui éclaire la terre, n'aurait été créé que trois jours après la lumière, c'est-à-dire à l'époque où les eaux furent séparées de l'élément aride et où les herbes commencèrent à couvrir la terre, il était donc impossible que ces premiers jours fussent de vingt-quatre heures, puisque ce jour n'existait pas encore et que le soleil ne parut à la terre que lorsqu'il fut nécessaire, pour en chasser les ténèbres et la vivifier par la végétation. Cependant, Moïse continua d'employer le même mot jour, comme il avait fait pour les trois premiers, au lieu d'employer celui d'époque, quoique le jour de vingt-quatre heures fût pourtant déterminé à partir de cette quatrième époque. Cela ne tiendrait-il pas à ce que le mot jour, dans le langage ancien des Hébreux, exprimait également un temps ou une époque? Et que par cette expression de jour, Moïse se fit mieux comprendre de son peuple, qui n'aurait pu le faire en lui disant que le soleil et les étoiles étaient créés longtemps avant la terre : on le voit clairement, la contradiction dans le récit de Moïse n'est qu'apparente et, chose étonnante, elle prouve justement sa vérité. Du reste, il est fort probable que le soleil a été créé en même temps que tout notre système planétaire auquel il sert de centre et de régulateur.

Le récit de Moïse s'accorde donc avec les faits géologiques nouvellement observés, puisqu'il indique les mêmes époques de formation, et dès le cinquième jour ou époque, le même ordre dans la venue des êtres vivants, savoir : les petits et les grands poissons, et par petits poissons, il faut entendre les coquillages, les mollusques, les polypiers qui furent les premiers créés, puis vinrent les reptiles, les oiseaux aquatiques qui furent suivis des oiseaux terrestres et les grandes espèces de tous les animaux terrestres qui arrivèrent lorsque la terre put les nourrir.

Enfin, Dieu couronna son œuvre au sixième jour, par la création de l'homme, lorsqu'il put vivre et supporter la température de la terre assez refroidie et affermie; il le créa mâle et femelle, et lui soumit tous les animaux. Moïse dit : *Faciemus hominem ad imaginem et similitudinem nostram.* Cependant, la Bible dit bien que les patriarches et les prophètes ont souvent entendu la voix de Dieu, mais elle ne dit pas qu'aucun d'eux l'ait vu face à face ; par cette création à son image, il faut entendre qu'il donna à l'homme une âme immortelle, un esprit intelligent et capable de raisonner, de connaître et d'aimer. A tous ces biens spirituels, dont les animaux sont en partie privés, Dieu ajouta les biens matériels de la terre et la domination de l'homme sur toutes les créatures. Ch. 1er, ÿ. 28, 29, 30. Ainsi finit le sixième jour de la création d'après la Genèse, et cette époque est encore celle de nos jours.

L'ordre de la création de la Genèse s'accorde donc d'une manière surprenante avec les observations géologiques récentes, et pour s'en faire une idée juste, il suffit de pénétrer dans l'esprit du récit de Moïse qui n'est qu'un résumé des traditions dont l'exposition est admirable par sa simplicité, et c'est le cas de rappeler ici la parole de notre divin Maître : « La lettre tue, et l'esprit vivifie. »

Si, par un effort de l'intelligence que Dieu nous a donnée, nous nous reportons au temps de Moïse qui a si bien décrit l'ignorance du peuple d'Israël, fuyant dans le désert, la servitude à laquelle les Egyptiens l'avaient assujetti ; si en même temps nous tenons compte de l'imperfection et surtout de la pauvreté de la langue primitive des Hébreux, comment nous étonner des quelques obscurités de l'Ecriture sainte. Ces obscurités sont assurément aussi nombreuses dans la science moderne, qui en est réduite à des hypothèses qui, en définitive, n'expliquent pas mieux que la Genèse l'origine du monde, et la vulgate qui est une traduction en quelque sorte littérale, n'a employé que 538 mots, dont les mêmes sont très souvent répétés, pour exposer cette origine. Que serait-ce donc si notre science dont nous sommes si fiers, était interprétée avec 538 mots seulement, après trois mille quatre cents ans par un peuple tout différent de nous ? Il est probable, il est même certain que ce peuple n'y comprendrait rien du tout. Tout se transforme dans la suite des siècles, les idées comme la matière. Si, au lieu de se laisser circonvenir par des préjugés d'école ou d'esprit de parti, l'homme conservait réellement l'indépendance de son esprit, c'est-à-dire son libre arbitre, il ne pourrait qu'admirer la Genèse de Moïse, et croire que cette œuvre qui a tous les caractères de l'inspiration divine, ne peut pas être le produit de la science de ces temps primitifs, où la grandeur de la terre était inconnue et où l'on ignorait même sa forme sphérique.

Il est d'ailleurs bien évident par les faits qui se sont succédés, et même d'après l'Ecriture sainte, qu'il n'entrait pas dans les vues du Créateur de donner à l'homme, après sa déchéance, la science infuse ; comme il a voulu qu'il ne pût obtenir sa nourriture de la terre qu'à la sueur de son front, vérité qui se vérifie tous les jours depuis le commencement, il a voulu aussi qu'il ne pût acquérir la science qu'à force de pénibles labeurs, par un travail continu, lent et difficile qui dure depuis une longue suite de siècles et qui ne finira jamais. Il est dans la nature du rationalisme de se transformer sans cesse à travers les siècles, il ne peut donc pas être l'expression définitive de la vérité éternelle, et cette vérité antérieure à l'homme, ne peut évidemment provenir directement de lui seul. Les vues de la Providence sont impénétrables, et nous devons les admettre sans murmurer, sous peine d'être punis de notre présomption : la guerre entre le rationalisme et le catholicisme est donc inévitable dans ce monde.

Après ces considérations, on ne peut s'étonner des obscurités de l'Ecriture sainte qui sont inhérentes au langage, surtout après la confusion de la tour de Babel, ni des erreurs de géographie commises par les patriarches, car malgré ces erreurs inévitables dans ce temps, l'inspiration divine se montre partout dans leurs récits qui sont confirmés par la tradition de tous les peuples. Que l'on se reporte, si l'on peut, à ces temps de la plus haute antiquité où les mœurs, le génie et le langage des hommes étaient si différents des nôtres, et l'on sera frappé de la simplicité naïve et de la beauté de la Bible ; quoi qu'en puissent dire quelques rares philosophes, ce livre vivra plus que tous les autres et les dominera tous par son esprit de sainteté. Ces réflexions mon-

trent une fois de plus que « peu de science éloigne de la religion et que beaucoup de science y ramène. » La religion est
la correspondance intime entre Dieu et l'homme, et la source
intarissable de son inspiration ; sans elle, il ne sait ni d'où
il vient ni où il va, la matière le domine et l'esprit s'éloigne
de lui, en oubliant Dieu il perd le sentiment de sa noble
origine, il devient le descendant du singe, il n'a plus d'âme,
il ne lui reste que l'instinct de l'animal.

TRADUCTION DE LA GENÈSE SELON L'ESPRIT DE MOISE,

MISE EN CONCORDANCE AVEC LES OBSERVATIONS GÉOLOGIQUES.

1. Dieu qui est de toute éternité a créé le ciel de toute éternité et la terre dans le temps.

2. Dans le principe, la terre était une masse de feu qui
s'éteignit peu à peu sous le firmament, elle fut ensuite couverte d'eau et les ténèbres couvrirent la face de l'abîme :
l'esprit de Dieu était porté sur les eaux, les disposant à produire les créatures qu'il en voulait former.

3. Or, Dieu, après que la lumière primitive de la terre se
fut éteinte, voulut tirer cette matière informe des ténèbres où
elle était ensevelie, dit : Que la lumière soit faite, et la lumière fut faite.

4. Dieu vit ensuite que la lumière était bonne et conforme
à ses desseins ; il sépara la lumière d'avec les ténèbres, afin
qu'elles se succédassent l'une à l'autre.

5. Il donna à la lumière le nom de jour, et aux ténèbres le
nom de nuit. Ainsi fut fait le premier jour, mais avant qu'il
fît le jour, Dieu avait fait la lumière de la terre et, pendant
qu'elle s'éteignait lentement pour se couvrir d'eau, il se passa
un très-long temps.

6. Dieu dit aussi : Que le firmament caché par les vapeurs

épaisses apparaisse au milieu des eaux, et qu'il sépare les eaux de la terre d'avec les eaux du ciel;

7. C'est-à-dire que les vapeurs de la terre retombent en pluie sur elle pour la rafraîchir et la vivifier. Et cela se fit ainsi.

8. Et Dieu donna au firmament le nom de ciel. Ainsi se fit le second jour, c'est-à-dire un temps ou époque pendant laquelle la terre d'abord en feu se fut lentement éteinte et recouverte par les eaux.

9. Dieu dit encore : Que les eaux qui sont restées sous le ciel se rassemblent en un seul lieu, et que l'élément aride paraisse. La terre apparut alors informe et toute nue. Et cela se fit ainsi.

10. Dieu donna à l'élément aride le nom de terre, et il appela mers toutes ces eaux rassemblées. Et il vit que cela était bon et conforme à ses desseins.

11. Dieu dit encore : Que la terre produise de l'herbe verte qui porte de la graine et des arbres qui portent du fruit, chacun selon son espèce, et qu'ils renferment leur semence en eux-mêmes pour se reproduire sur la terre. Et cela se fit ainsi.

12. La terre produisit donc de l'herbe verte qui portait de la graine selon son espèce, et des arbres qui renfermaient leur semence en eux-mêmes. Et Dieu vit que cela était bon et conforme à ses desseins.

13. Ainsi se fit le troisième jour, c'est-à-dire un temps, ou époque pendant laquelle la terre commença à se couvrir de verdure.

14. Dieu dit aussi : Que les corps de lumière faits dans le firmament du ciel apparaissent à la terre pour l'éclairer et la vivifier, et que, par l'inégalité de leur éclat, ils séparent le jour et la nuit, et que, par leurs mouvements réglés, ils servent de signes pour marquer les temps et les saisons, les jours et les années.

15. Qu'ils brillent dans le firmament du ciel et qu'ils éclairent la terre. Et cela fut fait ainsi.

16. Dieu fit donc apparaître à la terre deux grands corps lumineux qui jusqu'alors étaient cachés par l'épaisse vapeur qui la couvrait tout entière, l'un plus grand pour présider au jour, et l'autre moindre pour présider à la nuit. Et avec ces deux corps lumineux apparurent aussi les étoiles

17. Qu'il avait mises dans le firmament du ciel pour luire sur la terre et sur tout l'univers.

18. Or, Dieu fit apparaître ces corps de lumière pour présider au jour et à la nuit, et pour séparer la lumière d'avec les ténèbres. Et Dieu vit que cela était bon et conforme à ses desseins.

19. Ainsi se fit le quatrième jour, c'est-à-dire un temps ou époque pendant laquelle la terre fut éclairée pour vivifier la végétation des herbes et des arbres créés à la fin de la troisième époque.

20. Dieu dit encore : Que les eaux produisent des reptiles et des animaux vivants, et des oiseaux qui voguent sur les eaux et volent sur la terre sous le firmament du ciel.

21. Dieu créa donc les petits et les grands poissons et tous les animaux qui ont vie et mouvement dans les eaux et que les eaux produisirent par sa volonté, chacun selon son espèce, et puis il créa aussi tous les oiseaux que les eaux produisirent de même. Et il vit que cela était bon et conforme à ses desseins.

22. Et il bénit ses créatures en disant : Croissez et multipliez-vous et remplissez les eaux de la mer, et puis que les oiseaux se multiplient aussi sur la terre.

23. Ainsi se fit le cinquième jour, c'est-à-dire un temps, ou époque pendant laquelle la mer se peupla de coquillages, de petits et de grands poissons, de reptiles et d'oiseaux aquatiques d'abord et d'oiseaux terrestres ensuite.

24. Dieu dit aussi : Que la terre produise de grands animaux vivants, chacun selon son espèce, les grands reptiles et les bêtes sauvages de la terre. Et cela se fit ainsi.

25. Dieu fit donc tous les animaux de la terre, chacun se-

lon son espèee , et Dieu vit que cela était bon et conforme à ses desseins.

26. Il dit ensuite : Faisons l'homme à notre image et à notre ressemblance ; c'est-à-dire donnons-lui une âme immortelle, un esprit intelligent, capable de connaître et d'aimer , et qu'il commande aux poissons de la mer , à tous les reptiles, aux oiseaux du ciel et à toutes les bêtes qui se meuvent sur la terre.

27. Dieu créa donc l'homme à son image , l'ayant rendu capable de béatitude, de connaissance et d'amour ; et il le créa masculin et féminin.

28. Et Dieu, après les avoir créés, les bénit et leur dit : Croissez et multipliez-vous , remplissez la terre et vous l'assujettissez et dominez sur les poissons de la mer , sur les oiseaux du ciel et sur tous les animaux qui se meuvent sur la terre.

29. Dieu leur dit encore : Je vous ai donné toutes les herbes qui portent leurs graines sur la terre , et tous les arbres qui renferment en eux-mêmes leur semence , chacun selon son espèce, afin qu'ils vous servent de nourriture à vous,

30. Et à tous les animaux , à tous les oiseaux du ciel et à tout ce qui se meut sur la terre et qui est vivant et animé, afin qu'ils aient de quoi se nourrir. Et cela se fit ainsi.

31. Dieu vit toutes les choses qu'il avait faites, et elles étaient très-bonnes , étant conformes aux desseins de sa sagesse et de sa bonté. Ainsi fut fait le sixième jour , c'est-à-dire un temps , ou époque pendant laquelle fut créé l'homme , le dernier être de la création et le plus intelligent de tous.

Cette époque qui n'a pas été troublée par aucun grand accident terrestre depuis le déluge , dure encore de nos jours.

La Genèse de Moïse est littéralement renfermée dans cette traduction à laquelle pour plus de clarté nous avons ajouté , 1° Les développements en forme de paraphrase du R. P. de

Carrières, 2° quelques légères modifications sur l'acception des mots *lumière* et *jour*, ce qui n'altère pas le récit de Moïse quant au fond et fait parfaitement concorder ce récit avec les observations de la géologie moderne. En effet,

La lumière, création du premier jour, c'est l'époque primitive des géologues.

La création du second jour est également l'époque primitive où le globe incandescent s'éteignit et finit par se couvrir d'eau produite par la condensation des vapeurs de l'immense atmosphère qui l'enveloppait.

La création du troisième jour, c'est l'époque de transition des géologues où la terre commença à se couvrir de grandes herbes et d'arbres qui ont produit à la longue, le terrain carbonifère qui a été soulevé.

La création du quatrième jour, ou plutôt l'apparition du soleil à la terre, c'est la même époque de transition des géologues ; où la terre fut éclairée par le soleil et vivifiée par la végétation.

La création du cinquième jour, c'est la venue des êtres vivants sur la terre en suivant l'ordre observé par les géologues ; les coquillages, les mollusques, les poissons, les reptiles, les oiseaux aquatiques, puis arrivèrent les grands reptiles et les grands animaux mammifères et pachidermes, qui peuplèrent la terre pendant les époques secondaire et tertiaire.

Enfin, la création du sixième jour, ou la création de l'homme, le plus perfectionné de tous les êtres et qui apparaît le dernier, c'est l'époque quaternaire des géologues qui continue encore de nos jours.

La concordance est évidente pour tout homme impartial et malgré que Dieu n'ait pas donné à Moïse l'inspiration des hautes connaissances astronomiques qui ne sont pas encore parfaitement connues, on ne peut méconnaître qu'il ne l'ait inspiré pour avoir tracé un tableau aussi exact de l'ordre de la création. Et comme nous l'avons déjà fait remarquer, cet ordre ne peut pas être attribué aux connaissances scientifiques de ces temps primitifs où l'on ignorait même la sphéricité de la terre et son mouvement dans l'espace, n'en déplaise aux incrédules, il y a eu, il y a et il y aura toujours des hommes inspirés de Dieu et aucun grand événement n'est arrivé, aucune grande découverte n'a été faite, sans avoir été annoncée longtemps d'avance par ces hommes.

L'ESPRIT RELIGIEUX N'EST PAS L'ESPRIT DU SIÈCLE.
— RÉSUMÉ ET CONCLUSION.

Nous venons d'essayer d'expliquer le véritable sens de l'écriture sainte, le plus ancien monument écrit sous l'inspiration divine et pourtant, ce livre admirable d'où la religion qui a civilisé le monde est sortie et qui le civilise tous les jours davantage partout où elle porte la foi, n'est pas encore bien compris. Le plus grand nombre de libres penseurs s'obstinent à traduire uniquement sa lettre en lui donnant le même sens de la lettre actuelle et ils jugent ainsi de l'esprit des temps anciens par l'esprit des temps nouveaux. Voilà comment les adeptes d'une école comprennent la science, ils ne savent pas rationer leur raison et, chose étonnante, il y a parmi ces adeptes des amis de la vérité et des savants d'un grand talent. D'où peut provenir cet aveuglement sinon de l'absence de l'esprit religieux. D'où vient cette irréligion systématique de certains hommes éminents qui devraient au moins comprendre la nécessité de la religion pour assurer la moralité et le bonheur des peuples : dans tous les temps, même chez les païens, la religion a été en honneur; qu'adviendra-t-il de l'indifférence actuelle des savants qui se font une religion à eux indépendante de celle du peuple? Cette malheureuse disposition des esprits de notre temps, ne peut assurément que relâcher les liens de fraternité qui doivent unir tous les hommes dans le même esprit de Dieu.

Quoique le génie du mal soit aussi ancien que le monde,

et qu'il soit entré dans tous les temps dans l'esprit des hommes, il a pris des formes plus séduisantes et plus savantes depuis le siècle dernier. Un grand écrivain sceptique qui ne croyait qu'à lui, a employé le génie dont Dieu l'avait doué pour détruire toutes les croyances religieuses ; ce philosophe incrédule, véritable singe du démon, est venu enflammer de sa torche l'opinion publique, il n'avait qu'un but en agitant sans cesse sa plume venimeuse, c'était de détruire toute autorité pour y substituer la sienne, et pour mieux répandre son esprit d'opposition contre les puissances établies il a d'abord formé à son école quelques disciples de haut parage et la foule toujours enthousiaste pour les nouveautés s'est laissée entraîner par le torrent; mais en définitive, cette fausse philosophie a divisé au lieu de réunir les esprits et a semé partout la guerre avec toutes sortes d'erreurs qui ont créé une situation sociale dont il nous sera difficile de sortir. On a vu, on voit et l'on verra encore ses funestes effets sur la société, mais la puissance de Dieu n'en continuera pas moins son œuvre, et nous devons espérer qu'il n'abandonnera pas ses créatures aux mauvaises passions, qui démoralisent les peuples et détruisent les empires.

Nous avons expliqué la formation graduelle de la terre et ses diverses transformations successives, il est fort probable qu'il en est de même pour tous les corps célestes, à des degrés fort différents de grandeur, de force et d'intensité de chaleur ; ils doivent tous avoir été composés à peu près des mêmes principes élémentaires combinés entre eux par la chaleur l'atmosphère qui les enveloppe pour engendrer dans une immense suite de siècles, des minéraux, des végétaux et des animaux d'une variété indéfinie dont l'homme ne peut se faire aucune idée. Telles paraissent être les lois générales établies par le Créateur et qui sont pourtant sujettes à un grand nombre de perturbations, et nous ne pouvons pressentir l'état des corps célestes qu'en le comparant à celui de notre globe et aux transformations géologiques qu'il a éprouvées, ce qui est parfaitement constaté par un grand nombre d'observations.

A mesure que l'épaisseur de l'écorce terrestre augmente sa combinaison avec l'atmosphère, les éruptions du feu central diminuent ; ces éruptions étaient en quelque sorte continues à l'époque primitive, avant que sa croûte se fût suffisamment solidifiée et elles ont toujours été en diminuant aux époques postérieures jusqu'à nos jours où elles n'ont plus lieu que par l'émission de trois cent et quelques volcans en activité. Ce nombre est bien petit relativement à l'étendue du globe, et au nombre considérable de cratères éteints que l'on observe sur un grand nombre de points, et particulièrement dans les îles élevées de l'océan qui généralement ont été formées et soulevées par les volcans, tandis que les îles plates presque au niveau de la mer se sont graduellement élevées par les couches superposées de polypiers et puis se sont couvertes de cocotiers dont la semence est apportée par les courants des mers.

En observant attentivement les couches qui forment l'écorce de notre globe, on voit partout les traces des bouleversements terribles qui ont agité et tout à fait changé sa surface ; or, ce qui est arrivé arrivera encore par les mêmes causes ; le globe terrestre peut être détruit, ou transformé de nouveau, par un cataclysme produit par le déplacement des mers. Une immense comète de vapeur incandescente, peut ensuite venir l'envelopper tout entier, ce que l'écriture sainte annonce comme une pluie de feu, l'eau des mers s'évapore alors très-vite sous une chaleur de 2,000 degrés, et l'écorce terrestre se fond jusqu'au feu central. La terre revient à ce qu'elle était dans son état primitif, un globe incandescent ; un monde nouveau se forme graduellement comme s'était formé l'ancien, et, dans la suite des temps, chaque corps céleste doit finir et se reconstituer par le feu et par l'eau, comme cela a eu lieu pour la terre. Quoique ces vérités ne puissent encore être démontrées directement par la science, elles n'en sont pas moins des vérités et concordent avec les prédictions, plus ou moins précises, de toutes les époques. La science en faisant de nouveaux progrès finira par les faire entrer, dans toutes les intelligences, le fond restera le même, la forme seule du langage aura changé, et c'est ainsi que procède la science par le perfectionnement des méthodes d'observation. Dans son principe elle s'appuie sur des hypothèses affirmatives, ou sur l'inspiration de quelques hommes de génie, et puis il faut des siècles d'études et d'observations pour la constituer et la faire généralement adopter.

Comment l'homme ne voit-il pas la lumière du ciel qui l'éclaire? Comment ne voit-il pas que malgré son agitation, Dieu seul le mène en le ramenant aux vérités éternelles qu'il a établies pour le maintien de l'ordre universel? Que l'incrédule rentre dans le fond de sa conscience en regardant le firmament pendant une belle nuit et qu'il ose se compter pour quelque chose dans cet espace infini sans reconnaître la faiblesse de sa nature et sans adorer le Créateur; ah, si j'avais le bonheur de ramener mon cher ami qui ne comprend pas que l'on puisse croire! Cependant, l'idée de l'infini nous montre partout la puissance de Dieu, et le génie de l'homme en est une bien faible émanation. Dieu veut l'éclairer, pourquoi ferme-t-il ses yeux devant sa lumière?

Quelques personnes qui ignorent peut-être trop les besoins et les exigences de la société actuelle, pourront penser qu'il n'est pas bon de soulever des questions de la nature de celles que nous avons développées à la fin de cet opuscule. Mais en y portant toute leur attention, elles nous excuseront, en reconnaissant que nous n'avons pas interprété la sainte écriture pour les croyants qui n'ont pas besoin de cette interprétation, mais uniquement pour les hommes dont le peu de foi s'est réfugié dans la science; nous n'avons eu d'autre but que de ramener à la vérité les ignorants demi-savants, qui se perdent dans des abstractions scientifiques, au-dessus de leur instruction et ces esprits faibles qui se disent esprits forts croient de bonne foi à des absurdités mille fois plus incroyables que les principes de la religion universelle. Les preuves de ce fait sont innombrables et chacun peut en observer tous les jours de nouvelles. Comment ne voit-on pas que tout est mystère pour nous dans ce monde et que sans l'intervention incessante de l'organisateur de l'univers, tout serait livré au hasard, ce que nous avons démontré impossible, rien ne serait alors expliqué et l'homme privé de l'esprit divin, ne serait plus qu'un animal inférieur en force et en instinct à plusieurs autres matériellement plus fortement organisés que lui. Est-il donc impossible de croire que l'homme est une créature de Dieu plutôt que de croire qu'il descend directement des singes qui l'ont précédé comme habitants de la terre, ce que plusieurs docteurs ont osé affirmer? Est-il donc raisonnable de croire que la vérité est le partage exclusif de ces quelques docteurs et des soi-disant philosophes qui changent incessamment de doctrine comme d'habits selon les circonstances? Et ce sont des hommes qui se vantent d'être libéraux et progressifs qui répandent de semblables idées! On dirait vraiment que ces docteurs considèrent les peuples comme des troupeaux dont ils veulent être les bergers; ils ont du moins la prétention de les conduire et trop souvent ils les égarent, en troublant leur raison naturelle, puis une réaction se fait et c'est toujours à recommencer comme la toile de Pénelope qui ne finit jamais. Est-il possible que l'humanité entière ait été dans l'erreur depuis le berceau du monde jusqu'à nos jours sur ce qu'il lui importe le plus de savoir, son origine et sa fin? Ce que la grande majorité des hommes, savants et ignorants, a cru croit et croira toujours a certainement sa raison d'être puisque cela est, et la notion de Dieu ne s'effacera de l'esprit des peuples que lorsque le monde approchera de sa fin, que l'on reconnaîtra à ce signe : l'athéisme. Ce qui est arrivé arrivera encore et toujours par la même cause, la corruption des hommes qui veulent être aussi puissants que Dieu en se mettant à sa place, c'est toujours la tour de Babel qui se renouvelle sans cesse, elle s'élève péniblement et lentement, puis tout à coup elle s'écroule en ne laissant que des ruines, et l'homme ne voit pas qu'il recommence sans cesse la même œuvre sans pouvoir jamais l'achever.

Rien n'est nouveau sous le soleil et la Bible renferme plus

de science qu'on ne le croit généralement, la difficulté consiste à l'y découvrir et à comprendre son langage si différent de celui de nos jours. Deux grands génies profondément religieux l'ont compris : Pascal et Newton et un grand nombre de savants avant et après eux. La doctrine matérialiste aussi vieille que le monde, est revenue à la mode pendant le siècle dernier, et quoique cette mode soit un peu passée, elle dure encore pour beaucoup d'esprits retardataires qui se moquent de la religion qu'ils n'ont pas étudiée, par conséquent qu'ils ne peuvent comprendre, et ces hommes qui ne croient à rien qu'à leurs propres idées, ont pourtant la prétention de marcher à la tête du progrès moderne. C'est une bien triste et singulière prétention.

Pour terminer, résumons en quelques mots les considérations que nous avons déjà développées afin de les mieux fixer dans la mémoire, car l'enseignement consiste à se répéter en variant les termes jusqu'à ce qu'on se fasse parfaitement comprendre.

Comme la vie finit par la mort, tout ce qui a eu un commencement doit avoir une fin; les végétaux, les animaux, même les espèces entières périssent; l'homme malgré sa perfection peut-être trop exaltée n'est qu'un grain de sable dans l'immensité, et la puissance créatrice engendre ou renouvelle un monde à chaque instant et en détruit un autre au même moment pour le maintien de l'équilibre de l'ordre universel. Les corps célestes sont infinis, et si l'on a bien compris la définition de l'infini, on ne peut admettre *qu'il soit une grandeur susceptible d'augmentation ou de diminution;* la définition mathématique est donc inexacte quant à l'infini, car si l'on pouvait en retrancher ou y ajouter quelque chose, il est évident que ce ne serait plus l'infini, mais seulement une grandeur indéfinie à laquelle on peut toujours ajouter quelque grande qu'elle soit. Donc, à mesure qu'un monde rentre dans la période d'une nouvelle création, une autre finit pour recommencer une nouvelle formation, et tous, les uns après les autres, doivent finir par les diverses causes

que nous avons développées et dont la principale est le dépla-
ment des mers.

Notre monde finira comme il a commencé par le feu et par
l'eau, on peut à peu près en calculer l'époque, mais il n'est
pas prudent de l'indiquer ; tout ce que l'on peut positivement
affirmer, c'est que la vie cessera sur le globe terrestre qui se
transformera après un grand nombre de siècles. Tous les êtres
de la création mourront à la fois comme l'homme qui, du
reste, ne vit qu'un jour dans l'éternité, et que l'on croie ou
qu'on refuse de croire ces vérités, elles n'en sont pas moins
immuables, éternelles, et l'homme ne pouvant en rien les
modifier, doit nécessairement et forcément y être subordonné
puisque la création existe sans lui et en dehors de lui.

La science d'accord avec la religion prouve que tout se
détruit et meurt après avoir fait son temps, pour renaître
et se renouveler sous une autre forme : Dieu seul est éternel
avec les saints qu'il a inspirés, voilà la vérité qu'il manifeste
aux ignorants aussi bien qu'aux savants, parce qu'elle a été
primitivement déposée dans l'âme de tous les hommes qui
est immortelle, ceux qui nient l'âme ou la lumière de la
vie sont inévitablement conduits à la négation de toutes
choses, et la négation absolue n'est que l'affirmation de
l'ignorance absolue. Pour le matérialiste la mort est un
sommeil éternel, tout ici-bas est hasard, chaos et néant,
il n'y a rien d'harmonieux ; pour lui tout est inexplicable et
surtout l'homme.

N'ayant pas tous les livres nécessaires à consulter sous la
main, nous sommes arrivé non sans peine, à la fin de la
tâche que nous nous étions imposée ; nous avons soulevé les
plus hautes questions intellectuelles qui ne peuvent s'appuyer
que sur des hypothèses, et cherché à démontrer qu'elles ne
sont pas absurdes, sans toutefois affirmer la réalité des causes scientifiques que nous en avons déduites. Voilà tout notre
travail bien plus étendu qu'il ne le paraît en le jugeant par
son petit volume. Nous ignorons jusqu'à quel point nous

avons réussi à éclairer les faibles et à les mettre en garde contre la parole dorée des forts ; nous pouvons avoir commis bien des erreurs, mais elles ne peuvent être dangereuses pour l'ordre social, et d'ailleurs que le lecteur se rassure, elles seront relevées, peut-être même en y ajoutant d'autres erreurs plus dangereuses, ou bien ceux qui ont des opinions différentes des nôtres garderont le plus profond silence qui confirmera leurs doutes, ou leur indifférence dans ces sortes de matières.

Dans les questions dont la science actuelle ne peut trouver la solution en démontrant la réalité des effets et des causes, l'on est naturellement conduit à établir des hypothèses et l'on s'appuie souvent par cette méthode du raisonnement, sur des bases bien fragiles, car il faut chercher le vrai dans le vraisemblable en s'aidant du calcul des probabilités, et cette forme de raisonnement est généralement employée dans les recherches que la science ne peut mathématiquement démontrer. On s'appuie sur l'inspiration et sur l'art, lorsqu'on ne peut s'appuyer sur la démonstration scientifique et alors chacun peut choisir en toute liberté l'hypothèse qui s'accorde le mieux avec sa propre pensée : chacun doit s'en rapporter à son libre arbitre dans les questions indéterminées ; une controverse trop prolongée deviendrait oiseuse et n'aboutirait qu'à des discussions scholastiques qui ne sont plus de notre temps.

Cependant les esprits que l'on appelle à présent positifs, et qui en réalité sont plutôt négatifs, nieront l'utilité de ces hautes questions et nous demanderont avec l'aplomb de la certitude qui les caractérise : A quoi bon de traiter des questions insolubles? Nous leur répondrons que les plus grandes découvertes ont été annoncées longtemps avant d'être scientifiquement démontrées ; nous leur répondrons que la géologie n'a fait de grands progrès que tout récemment en s'appuyant d'abord sur des hypothèses qui ont fini, par de longues et de laborieuses observations sur les terrains et les fossiles, par résoudre les questions les plus difficiles restées pendant des

siècles sans solution ; mais les études, sont loin d'être termi-
nées et il reste encore bien des doutes à éclaircir. Sous un
autre point de vue plus important encore, nous nous adres-
serons directement à ces philosophes qui se croient seuls en
possession de la vérité et nous leur dirons carrément : Nous
avons soulevé ces hautes questions scientifiques pour vous
montrer la faiblesse de l'intelligence humaine qui ne peut
s'expliquer certaines idées que pourtant elle perçoit et dont
au moins elle a le pressentiment. Est-ce que vous auriez la
prétention de changer la nature de l'homme ? Avez-vous assez
réfléchi aux idées abstraites que nous ne comprenons que d'une
manière vague qui jettent notre esprit dans l'accablement du
doute et de l'incertitude ; ces idées existent pourtant en dehors de nous, c'est évident ; il y a donc une intelligence
supérieure à la nôtre, un moteur universel qui gouverne les
mondes qu'il a créés et qui les gouverne matériellement
et moralement, ces deux idées étant inséparables de leur
nature, puisqu'on ne peut comprendre un créateur de la
matière, sans qu'il ait en même temps créé l'esprit qui la
dirige. Si ce ne sont pas là des preuves de l'existence de
Dieu, il n'y a pas des preuves à donner sur la puissance de
l'esprit et il ne faut croire qu'à la puissance de la matière.
C'est ce qu'ont fait et ce que feront toujours quelques rares
philosophes qui cependant appuient tous leurs raisonnements
sur leur esprit souvent très-subtil, et non sur la matière qui
ne raisonne pas. Qu'est-ce donc qu'un matérialiste qui raisonne ? Serait-il un animal dépravé comme a osé le dire
J. Jacques Rousseau ? Comment comprendre qu'un caillou ait
de l'esprit, si ce n'est en lui donnant la vie et la faculté de
penser ? Eh bien, pour être conséquents avec eux-mêmes,
certains matérialistes ont été jusque-là en affirmant que la
matière et l'esprit étaient une même substance. Cette doctrine qui fait penser un caillou est-elle donc plus croyable
que celle qui sépare la matière de l'esprit et qui admet le
Créateur univerel de l'une et de l'autre ? Consultez le genre
humain tout entier et sa grande et majestueuse voix vous
répondra par le cri unanime de son âme.

Si l'on réfléchit attentivement à ces idées métaphysiques dont nous avons le pressentiment sans que nous puissions nous en rendre parfaitement compte, nous reconnaissons bien vite qu'elles sont une des preuves les plus manifestes de l'existence de Dieu et qu'on ne peut la nier sans tomber dans des raisonnements aussi absurdes qu'incompréhensibles ; l'on pressent d'abord que sans cette existence motrice de toutes choses l'univers n'aurait pas sa raison d'être, et qu'il ne pourrait pas exister s'il était livré au hasard. Les matérialistes eux-mêmes sont d'accord avec nous sur ce point important, puisqu'ils admettent que le monde ne peut pas avoir été créé par le hasard, mais ils admettent aussi que la cause de sa création est inconnue pour eux, et nous avons répondu à leur doute par l'affirmation universelle.

La direction de la force doit avoir une cause intelligente de la même nature que celle de notre âme ; sans la connaissance de cette cause nous ne pouvons nous élever à aucune grande pensée, et tout est étroitement limité pour notre esprit ; avec elle seulement notre intelligence s'ouvre, s'étend dans l'espace incommensurable, et nous percevons l'infini. Et d'où nous vient donc cette idée de l'infini que nous plaçons *partout* et *toujours ?* Si l'on ne croit pas que la montre de l'univers soit l'œuvre du hasard, comment peut-on croire que la montre humaine soit l'œuvre de notre propre génie ? l'une et l'autre n'ont-elles pas un moteur commun ? D'où vient l'intelligence si ce n'est de la puissance de Dieu. On peut croire qu'elle se développe par l'éducation, mais l'éducation seule n'engendre ni l'intelligence, ni l'âme, il y a un germe, un principe primitif et divin que tout homme de sens ne peut consciencieusement méconnaître, s'il n'est pas sorti de sa voie naturelle, et si en se livrant à l'orgueil qui l'aveugle, il n'en est pas arrivé à ne croire qu'à lui et à quelques personnes qui ont faussé son esprit.

Ces questions que nous ne pouvons résoudre comme un théorème de géométrie n'en existent pas moins par elles-mêmes en dehors de nous et nous font au moins pressentir l'harmonie universelle ; tout nous démontre qu'une cause infiniment puissante dirige l'univers visible et invisible, et l'homme sage qui réfléchit sur les merveilles de la création au milieu desquelles il a été placé comme un observateur, trouve dans l'échelle des êtres un principe supérieur à lui qui le domine et qui le confond. Les effets brillent dans un océan infini de lumière, ils frappent directement nos sens, et si la cause seule est invisible, comment ne pas croire qu'elle existe de toute éternité ?

Heureux celui qui après avoir éprouvé les traverses et les inconséquences de cette vie, se renferme en lui-même pour écouter la voix intérieure de sa conscience et qui se dit simplement : Je crois à l'existence et à l'immortalité de l'âme, donc je crois en Dieu d'où elle émane.

Beyrie par Mugron (Landes), février 1868.

Toulouse, Imp. DOULADOURE; ROUGET FR. et DELAHAUT, succr̄s, rue St-Rome, 39.

www.ingramcontent.com/pod-product-compliance
Lightning Source LLC
Chambersburg PA
CBHW070819210326
41520CB00011B/2027